FORSCHUNGSBERICHTE DES LANDES NORDRHEIN-WESTFALEN

Nr. 1950

Herausgegeben im Auftrage des Ministerpräsidenten Heinz Kühn
von Staatssekretär Professor Dr. h. c. Dr. E. h. Leo Brandt

DK 677.02.001.2
677.661.057.7:11.061:21.061

Dipl.-Ing. Rudolf Otto

Forschungsinstitut für Bastfasern e. V., Bielefeld

Einsatz von Bastfasergarnen in der Wirkerei

WESTDEUTSCHER VERLAG · KÖLN UND OPLADEN 1968

ISBN 978-3-663-06276-9 ISBN 978-3-663-07189-1 (eBook)
DOI 10.1007/978-3-663-07189-1

Verlags-Nr. 011950

Gesamtherstellung: Westdeutscher Verlag

Inhalt

1. Einleitung

Die Wirtschaftlichkeit bei der Herstellung textiler Flächengebilde wird wesentlich von den Verarbeitungseigenschaften der eingesetzten Garne und von der Leistung des angewandten Arbeitsverfahrens bestimmt. Die Aufgabe dieses Teiles der Forschungsarbeit war darauf gerichtet, zu untersuchen, ob und unter welchen Voraussetzungen Leinengarne nach anderen Methoden als den klassischen Webverfahren zu Gebrauchswaren ihres Einsatzgebietes verarbeitet werden können.

Das für die Erzeugung von Leinen- und Halbleinenwaren allgemein angewandte Verfahren der Fadenkreuzung in Kette und Schuß ist auch bei den neuesten Entwicklungen der Webmaschinen in seiner Leistung begrenzt. Die für das Eintragen des Schußfadens erforderliche hin- und hergehende Bewegung (Fachöffnung und Schützen- bzw. Greiferbewegung), die im steten Wechsel Beschleunigung und Vernichtung der dafür aufgewandten Energie erfordert, setzt den erreichbaren Bewegungsfrequenzen Grenzen, von denen die Leistungen der Webmaschinen eingeengt sind.

Günstigere mechanische Voraussetzungen sind bei den Maschinen zur Herstellung von Maschenwaren gegeben. Die der Fadenführung und Maschenbildung dienenden Nadeln haben eine geringe Masse und führen lediglich schwingende Bewegungen mit kleinen Amplituden aus. Deshalb kann die Zahl der Arbeitszyklen bei der Maschenbildung in der Zeiteinheit höher sein als die Zahl der Schußeintragungen beim Weben. Dazu kommt, daß der Aufbau dieser Warenkonstruktion aus Einzelelementen (Maschen) eine theoretisch unbegrenzte und praktisch große Breite der Maschine zuläßt. Während beim Weben von Waren mittlerer Breite die Eintragung von etwa 120 Schuß/min als gute Leistung anzusprechen ist, kann man mit modernen Kettenwirkmaschinen Umdrehungszahlen von 900 U/min und mehr erreichen. Die dabei erzielten stündlichen Flächenleistungen betragen beim Weben einer mittelschweren Ware (18 Fäden/cm im Schuß und einer Arbeitsbreite von 1,5 m) 6 m^2, beim Wirken einer etwa gleich schweren Ware (12 Maschen/cm und einer normalen Arbeitsbreite von 3,0 m) dagegen 135 m^2. Diese mehr als zwanzigfach höhere Leistung der Wirkmaschine gegenüber der Webmaschine wird außerdem noch mit einer erheblichen Verbilligung in der Garnvorbereitung erreicht, da beim Wirken alle Fäden von Kettbäumen bzw. Teilkettbäumen abgearbeitet werden.

Die bei hoher Festigkeit nur geringe Dehnung der Leinengarne, ihre charakteristische Ungleichmäßigkeit, ihre naturgegebene Unreinheit und die geringe Biegefähigkeit des Garns hat bisher den Einsatz für die Herstellung von Maschenwaren wenig erfolgreich erscheinen lassen. Als hauptsächliches Hindernis hierfür wurde die Beanspruchung des derart beschaffenen Leinengarns bei der Führung der Einzelfäden durch die Lochnadeln und bei der Maschenbildung durch die Hakennadeln angesehen.

Das Forschungsinstitut für Bastfasern hatte sich zur Aufgabe gemacht, die grundlegende Frage zu klären, durch welche Maßnahmen der Einsatz von Leinengarnen bei der Herstellung von Maschenware auf den hierfür am ehesten geeignet erscheinenden Kettenwirkmaschinen (Raschelmaschinen) ermöglicht werden kann und wie er sich wirtschaftlich zu der üblichen Verarbeitung dieser Garne in der Weberei auswirkt.

Für diese Untersuchungen stand ein Zuschuß des Landesamtes für Forschung bei dem Herrn Ministerpräsidenten des Landes Nordrhein-Westfalen zur Verfügung, für den an dieser Stelle gedankt sei. Die Arbeiten wurden auf Versuchsmaschinen der Textilingenieurschule Wuppertal und der Maschinenfabrik LIBA, Bleckede, unter fachlicher

Beratung der leitenden Herren, der Fachlehrer und von Spezialingenieuren für Wirktechnik durchgeführt. Auch für diese Unterstützung sagt das Institut allen Beteiligten seinen Dank.

2. Versuchsplanung

Das angestrebte Wirkwarenbild und die vorgesehenen Flächengebilde sollten normalen glatten Halbleinenwaren für Haushaltswäsche (Bettlaken bzw. Handtücher) entsprechen. Die Gewirke mußten eine befriedigende Formstabilität aufweisen. Für die Herstellung derartiger Maschenwaren aus Leinen- und Baumwollgarn erwies sich nach Überlegungen und Vorversuchen der Einsatz einer Raschelmaschine mit zwei oder mehreren Legeschienen aussichtsreich.

Die voneinander unabhängigen Bewegungen der Legeschienen gestatten es, die einzelnen Fadensysteme in verschiedener Form in die Ware einzubringen. Werden alle Fäden als Maschen verlegt (Franse, Trikot, Tuch, Satin, Atlas[1]), erhält das fertige Gewirk Nachgiebigkeit gegenüber allen einwirkenden Zugkräften und paßt sich allen Belastungen an.

Die Entwicklung einer neuen Legetechnik, bei der in Längs- und Querrichtung der Ware Fäden von Systemen (Legeschienen) glatt eingelegt und von den anderen maschenbildenden Fadensystemen (Legeschienen) eingebunden werden, gestattet es aber, weitgehend formstabile Wirkwaren herzustellen. Die so konstruierten Gewirke sind nicht nur in Längs- und Querrichtung, sondern auch bei diagonal- und schräg wirkender Beanspruchung stabil und entsprechen damit den Forderungen an Gebrauchswaren aus Leinen und Halbleinen.

Während beim Weben die Fäden in Kett- und Schußrichtung eingetragen werden, und sich die Gewichtsanteile der Fadensysteme aus Garnnummer, Fadendichte und dem weitgehend bekannten Anteil der Einarbeitung ergeben, liegen die Fäden der Maschenwaren in Schlingen eingebettet, und ihre Anteile am Gesamtgewicht werden von dem Grad der Einarbeitung bestimmt, der wiederum von der Geschmeidigkeit des Materials und von der Form der jeweils geeigneten Fadenlegung abhängig ist. Da für Leinengarne zu ihrer Verarbeitung auf Wirkmaschinen für die anzuwendende Warenkonstruktion keine Erfahrungswerte vorlagen, ergaben sich Unsicherheiten für die Vorausbestimmung der zu erwartenden wahren Flächengewichte. Das gleiche galt für die Einhaltung der Rohstoffzusammensetzung bei Halbleinen unter Beachtung der hierfür geltenden RAL-Vorschriften.

Demnach befaßte sich ein Teil der Untersuchungen mit der Festlegung der im oben gekennzeichneten Sinn geeigneten Wirkwarenkonstruktion und der Ermittlung dabei eintretender Einarbeitungsgrade für das erforderliche geschlossene Wirkwarenbild.

Eingehende Betrachtungen mußten Vorversuchen der Verarbeitung der einzusetzenden Baumwoll- und Leinengarne, insbesondere der letzteren, gewidmet werden, um sie durch geeignete Vorbehandlungen (Reinigen, Dämpfen, Paraffinieren) den Anforderungen der Verarbeitung auf der Wirkmaschine möglichst weitgehend anzupassen. Auch sollten

[1] Die Bezeichnungen, Kennzeichnungen und schematischen Darstellungen für Fadenführung und Maschenlegung sind den DIN-Blättern 62056 und 62057 sowie dem Buch Funke, H., »Raschel-Maschine«, Fachbuchverlag Leipzig 1953, entnommen.

unter Umständen sich ergebende Vorteile der Verwendung von Leinengarnen mit Chemiefaserkomponente untersucht werden[2].

Naturgemäß mußte vorgesehen werden die Nadelteilung und Nadelform der Wirkmaschine den Eigenarten der eingesetzten Garne im Zusammenhang mit der erwünschten Warendichte und den üblichen Warengewichten anzupassen.

Unter Ausnutzung der aus den aufgezählten Untersuchungen zu erwartenden Erfahrungen sollte in größeren Produktionsversuchen festgestellt werden, ob und unter welchen Voraussetzungen und in welchem Ausmaß die geschilderten Vorteile der Wirkereitechnik für die Verarbeitung von Leinengarnen ausnutzbar sind.

3. Versuchsdurchführung und Ergebnisse

3.1 Vorversuche

Die Versuche zur grundsätzlichen Beurteilung des Verhaltens von Leinengarnen bei Anwendung der Maschentechnik wurden in der Textilingenieurschule Wuppertal auf einer Versuchsmaschine älterer Bauart ausgeführt, die das Arbeiten mit bis zu sechs Legeschienen gestattete.

Die Nadelbarren und Legeschienen dieser Maschine hatten eine Teilung von 24 Nadeln in 2 Zoll sächs. (ca. 5 N/cm) mit einer Arbeitsbreite von 36 Zoll sächs. (85 cm).

Für diese ersten Versuche wurden ausgewählt gute Garnqualitäten eingesetzt. Die Leinengarne wurden vor der Verarbeitung zu Teilkettbäumen mechanisch gereinigt.

Insgesamt wurden auf dieser Maschine in Wuppertal drei Versuchsreihen vorgenommen:

Versuchsreihe 1 mit 2 Legeschienen

Versuchsreihe 2 mit 3 Legeschienen

Versuchsreihe 3 mit 4 Legeschienen

Innerhalb jeder dieser Versuchsreihen wurde mit Variation der Fadenlegungen gearbeitet.

3.1.1 Versuchsreihe 1

In dieser Reihe wurden drei Versuche 1a bis 1c gemäß dem nachstehend wiedergegebenen Arbeitsplan 1 durchgeführt.

Von der Grundeinstellung 1a mit Baumwollzwirn Nm 40/2 (25 tex × 2) in Legeschiene 1 zur Maschenbildung (Franse) und Flachsgarn Nm 21 (48 tex) in Legeschiene 2 als Schuß über 4 Nadeln ausgehend, wurde als Variation 1b mit Erweiterung der Schußlegung über 6 Nadeln und schließlich als Variation 1c mit Veränderung der Maschenlegung in L 1[3] auf Trikot in allen drei Einstellungen mit 6 Maschen je 1 cm gearbeitet.

[2] Otto, R., und W. Rohs, »Verbesserung der Verarbeitungseigenschaften von Bastfasergarnen durch Beigabe einer Chemiefaserkomponente,« Forschungsberichte des Landes Nordrhein-Westfalen Nr. 1240, Westdeutscher Verlag, Köln und Opladen 1963.

[3] Im folgenden werden die Legeschienen abgekürzt mit L 1, L 2 usw. bezeichnet.

Arbeitsplan 1

Versuchsraschelmaschine 24 S

	Legeschiene 1	2	3	4
Garnsorte Nm (tex) Maschen/cm	Baumwoll- zwirn 40/2 (25×2) 6	Flachsgarn, gebleicht 21 (48) 6	–	–
	Versuch: 1a			
Bezeichnung	Franse 2 0 / 0 2	Schuß 8 8 / 0 0	–	–
Legungsbild		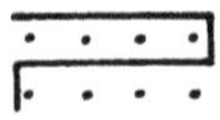	–	–
Warengewicht	210 g/m²			
Materialanteil	Leinen 44% : Baumwolle 56%			
	Versuch: 1b			
Bezeichnung Legung	wie Versuch 1a	Schuß 12 12 / 0 0	–	–
Legungsbild	wie Versuch 1a	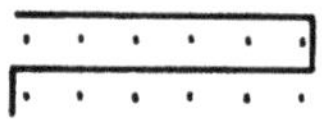	–	–
Warengewicht	216 g/m²			
Materialanteil	Leinen 46% : Baumwolle 54%			
	Versuch: 1c			
Bezeichnung Legung	Trikot 2 0 / 2 4	wie Versuch 1b	–	–
Legungsbild		wie Versuch 1b	–	–
Warengewicht	216 g/m²			
Materialanteil	Leinen 46% : Baumwolle 54%			

Die gesuchten Einarbeitungen waren für den Baumwollzwirn in L 1 bei allen drei Versuchsreihen 4,5 [4], für das Leinengarn in L 2 bei Reihe 1a 5,2, bei 1b und 1c 5,5. Die daraus rechnerisch ermittelten Flächengewichte decken sich mit den durch Wägung festgestellten und ergaben Gewichte von 210 bzw. 216 g/m² bei einem Anteil von 56% Baumwolle und 44% Leinen bzw. 54 und 46%. Die Angaben des Flächengewichtes und der Gewichtsanteile beziehen sich auf das Rohgewirk.
In Abb. 1 macht das Muster 1 – das Gewirk nach Einstellung 1b – von beiden Seiten nach der Ausrüstung (s. Abschnitt 4) einen wenig geschlossenen Eindruck. Die Ursache hierfür ist die grobe Nadelteilung und der Einsatz von nur 2 Legeschienen. Die Veränderungen der Fadenlegungen (1a bzw. 1b und 1c) hatten sich nur unwesentlich ausgewirkt. Die Formhaltung und Maschenfestigkeit dieser ersten Gewirke waren unbefriedigend.
Trotz dieser Mängel der ersten Versuche, Leinen und Baumwollgarne kombiniert zu halbleinener Maschenware zu verarbeiten, war als positives Ergebnis zu verzeichnen, daß nach anfänglichen Störungen durch häufige Fadenbrüche bei richtiger Einstellung der Ablaufspannungen die vorgelegten Ketten ohne grundsätzliche Schwierigkeiten abgearbeitet werden konnten.

3.1.2 Versuchsreihe 2

Um ein dichteres Warenbild zu erzielen, wurde die Versuchsraschel mit einer dritten Legeschiene ausgerüstet. Die verwendeten Garne, die Maschineneinstellungen, Maschenlegungen und -dichten sind dem Arbeitsplan 2 zu entnehmen. Wiederum wurde mit drei Variationen 2a bis 2c gearbeitet.
Einstellungen und Fadenlegungen der Schienen 1 und 2 sind aus Versuchsreihe 1b übernommen. In L 3 wurde der gleiche Baumwollzwirn Nm 40/2 (25 tex × 2) wie in L 1 eingesetzt, wobei als Legung für Versuch 2a Trikot, Versuch 2b Tuch und Versuch 2c Satin gewählt wurde. Wie bei Versuch 1 betrug die Zahl der Maschen 6 je 1 cm.
Die festgestellten Einarbeitungen sind für L 1 mit 4,1, für L 2 mit 5,5 und für L 3 mit 4,6 anzugeben. Die drei Variationen a bis c brachten nur derart geringe Verschiebungen, daß die genannten Zahlen für alle drei Versuche galten. Deshalb ist auch für alle drei Fälle das Flächengewicht des Rohgewirkes mit 360 g/m² gleich, ebenso die Verteilung von 62% Baumwolle zu 38% Leinen.
Als Folge der Einschaltung des dritten Fadensystems hatte sich das Flächengewicht wie angegeben erhöht. Die Ware wirkt geschlossener als Muster 1, wie es Muster 2 in Abb. 1 zeigt. Wiederum hatte die veränderte Maschenlegung (2a bis 2c) das Warenbild nur unwesentlich beeinflußt. Die Formstabilität ist gegenüber der Ware aus Versuch 1 verbessert, aber nicht ausreichend. Dagegen hat die zusätzliche Abbindung eine absolute Maschenfestigkeit bewirkt. Das Baumwollgarn in L 3 hat die Verteilung der Garngewichte gegenüber Versuchsreihe 1 zuungunsten des Leinens verändert.
Die beiden ersten Versuchsreihen galten im wesentlichen der Feststellung, ob Leinengarne den Beanspruchungen des Wirkprozesses gewachsen sind, und ob sich gewirkte Flächengebilde ausreichender Formstabilität herstellen lassen, die dem Charakter von Halbleinen-Gebrauchswaren entsprechen. Das Vorurteil, die geringe Bruchdehnung der Leinengarne mache ihren Einsatz zur Herstellung von Wirkwaren praktisch unmöglich, hat sich bei den Versuchen nicht bestätigt. Die hohe Festigkeit scheint ein ausreichender Ausgleich für die geringe Dehnung zu sein. Störend bei der Verarbeitung der Leinengarne zu Gewirken sind dagegen die in den Garnen eingesponnenen Unreinheiten

[4] Einarbeitungsgrad von 4,5 besagt in der Fachsprache der Wirker, daß je 1 cm Warenlänge von jedem Faden des Systems 4,5 cm Garnlänge benötigt werden oder, anders gesagt, die Einarbeitung 450% beträgt.

Arbeitsplan 2

Versuchsraschelmaschine 24 S

	Legeschiene 1	2	3	4
Garnsorte Nm (tex) Maschen/cm	Baumwoll-zwirn, gebleicht 40/2 (25×2) 6	Flachsgarn, gebleicht 21 (48) 6	Baumwoll-zwirn, gebleicht 40/2 (25×2) 6	–
Versuch: 2a				
Bezeichnung Legung	Franse 2 0 / 0 2	Schuß 12 12 / 0 0	Trikot 2 4 / 2 0	–
Legungsbild		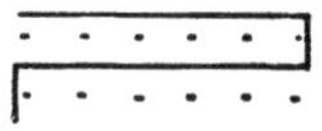		–
Warengewicht	360 g/m²			
Materialanteil	Leinen 38%: Baumwolle 62%			
Versuch: 2b				
Bezeichnung Legung	wie Versuch 2a	wie Versuch 2a	Tuch 4 6 / 2 0	
Legungsbild	wie Versuch 2a	wie Versuch 2a		–
Warengewicht	360 g/m²			
Materialanteil	Leinen 38%: Baumwolle 62%			
Versuch: 2c				
Bezeichnung Legung	wie Versuch 2a	wie Versuch 2a	Satin 6 8 / 2 0	–
Legungsbild	wie Versuch 2a	wie Versuch 2a		–
Warengewicht	360 g/m²			
Materialanteil	Leinen 38%: Baumwolle 62%			

und die geringe Abriebfestigkeit. Die Garne werden beim Durchlaufen der Ösen in den Lochnadeln der Legeschienen aufgerauht, und das geschwächte Garn neigte dann zu Fadenbrüchen, die zu Maschinenstillständen und Warenfehlern führten. Aber auch die an den Ösen sich sammelnden Faserflusen und Garnunreinheiten verstopfen den Durchgang und erhöhen damit die Bruchgefahr für das durchlaufende Garn.

Was die angestrebten Eigenschaften des Flächengebildes (Geschlossenheit der Ware – Formstabilität) anbetrifft, so ergaben die beschriebenen Versuche brauchbare Hinweise zur Erfüllung der Anforderungen.

Um eine geschlossenere Ware zu erhalten, mußte die Fadenzahl je cm erhöht werden. Da die Zahl der nebeneinander einlaufenden Fäden je Legeschiene durch die Nadeldichte beschränkt ist, ließ sich die Erhöhung der Fadenzahl nur durch Hinzunahme einer weiteren Schiene erreichen. Dies bedeutet eine Erhöhung des schon bei drei Legeschienen für den gedachten Zweck sehr hohen Warengewichtes. Der Ausgleich war nur durch Übergang auf feinere Garne unter bewußter Inkaufnahme ihres höheren Preises zu erreichen mit der Aussicht, daß damit auch die erwähnten, beim Wirkprozeß beobachteten Schwierigkeiten in bezug auf Garnunregelmäßigkeiten und -unreinheiten erheblich vermindert werden.

Ein weiterer Mangel war die auch noch bei Versuch 2 unbefriedigende Formstabilität, besonders in Längs- und Diagonalrichtung. Um diesem Übelstand auszuweichen, wurde für die weiteren Versuche eine neu entwickelte Legetechnik benutzt. Bei dieser wird in Längsrichtung eine absolute Stabilität dadurch erreicht, daß Fäden einer oder mehrerer Legeschienen nicht zur Maschenbildung herangezogen, sondern in das Gewirk glatt eingelegt und durch die Maschen der anderen Legeschienen eingebunden werden (Stehschuß). Diese Fäden erfahren eine geringere Dehnungsbeanspruchung als die zur Maschenbildung eingesetzten, da sie lediglich die Hin- und Herbewegung ihrer Schiene mitmachen. Es müßte hier der Einsatz weniger hochwertiger Garne möglich sein und damit ein Ausgleich für die notwendige Nummernerhöhung zur Aufrechterhaltung des Flächengewichtes.

Diese Überlegungen führten zu den Einstellungen des Versuches 3.

3.1.3 Versuchsreihe 3

Garneinsatz, Maschineneinstellung und Fadenzahlen gehen aus dem nachstehenden Arbeitsplan 3 hervor. Für L 1 wurde ein Baumwollgarn Nm 50 (20 tex) zur Maschenbildung als versetzte Franse verwendet. L 2 und L 3 wurden beide mit Flachswerggarn Nm 12 (84 tex) als Stehschuß und L 4 mit Baumwollzwirn Nm 40/2 (25 tex × 2) als Schuß über 3 Nadeln belegt.

Bei dieser Fadenlegung ist entgegen der Versuchsreihe 2 das Leinengarn in L 2 nur über eine Nadel und in L 3 glatt in Längsrichtung der Ware eingearbeitet. Dieser Einstellung entspricht auch eine wesentliche Verminderung der Einarbeitung, die für L 2 mit 1,2 und L 3 mit 1,0 festgestellt wurde.

Entsprechend der erwarteten verminderten Beanspruchung der Garne wurde das hochwertige, teure Flachsgarn durch ein billigeres Werggarn ersetzt, das, dank der geringeren Einarbeitung, ohne das Warengewicht zu erhöhen, auch in stärkerer Nummer – Flachswerggarn Nm 12 (84 tex) – gewählt werden konnte. In L 1 wurde der Zwirn durch ein Baumwollgarn – Nm 50 (20 tex) – ersetzt, um die Möglichkeit zu überprüfen, ob auch auf diese Weise eine Verbilligung des Rohstoffeinsatzes erreicht werden kann.

Bei Einarbeitungen von 5,5 in L 1, 1,2 in L 2, 1,0 in L 3 und 4,1 in L 4 ergab sich für die rohe Maschenware ein Flächengewicht von 312 g/m² mit 62% Baumwolle und 38% Leinen.

Arbeitsplan 3

Versuchsraschelmaschine 24 S

Versuch: 3	Legeschiene 1	2	3	4
Garnsorte Nm (tex) Maschen/cm	Baumwollgarn 50 (20) 12	Flachswerggarn 12 (84) 12	Flachswerggarn 12 (84) 12	Baumwollzwirn 40/2 (25×2) 12
Bezeichnung	versetzte Franse	Schuß	Stehschuß	Schuß
Legung	0 2 / 2 0 0 2 / 4 2 2 4 / 4 2	0 0 / 2 2 0 0 / 2 2 0 0 / 2 2	0 0 / 0 0 0 0 / 0 0 0 0 / 0 0	0 0 / 6 6 0 0 / 6 6 0 0 / 6 6
Legungsbild				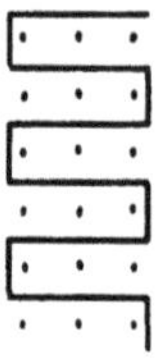
Warengewicht	312 g/m²			
Materialanteil	Leinen 38%: Baumwolle 62%			

Das Aussehen der mit 12 Maschen je 1 cm gearbeiteten und veredelten Ware zeigt Muster 3 in Abb. 1. Es entspricht in der Geschlossenheit einer Gebrauchsware des gedachten Zweckes (Bettlaken), doch müßte das Warengewicht durch entsprechende Umstellung in den Garnnummern verringert werden. Dies wäre vor allem bei dem Flachswerggarn im Schuß möglich. Allerdings würde dann der Leinenanteil zurückgehen.

Die aus Versuch 3 erhaltene Wirkware war vollkommen formstabil und maschenfest. Danach kann als erwiesen gelten, daß es bei zweckentsprechender Garnauswahl, Warenkonstruktion und Maschineneinstellung ein lösbares Problem ist, auf Halbleinenbasis Maschenwaren herzustellen, die in ihrem Aussehen und in ihren Eigenschaften (formfest) normalen Webwaren nicht nachstehen.

Beim Abarbeiten der Kettbäume mußte allerdings festgestellt werden, daß die Nadelteilung der Versuchsmaschine für die eingesetzten Garnnummern bei Verwendung von

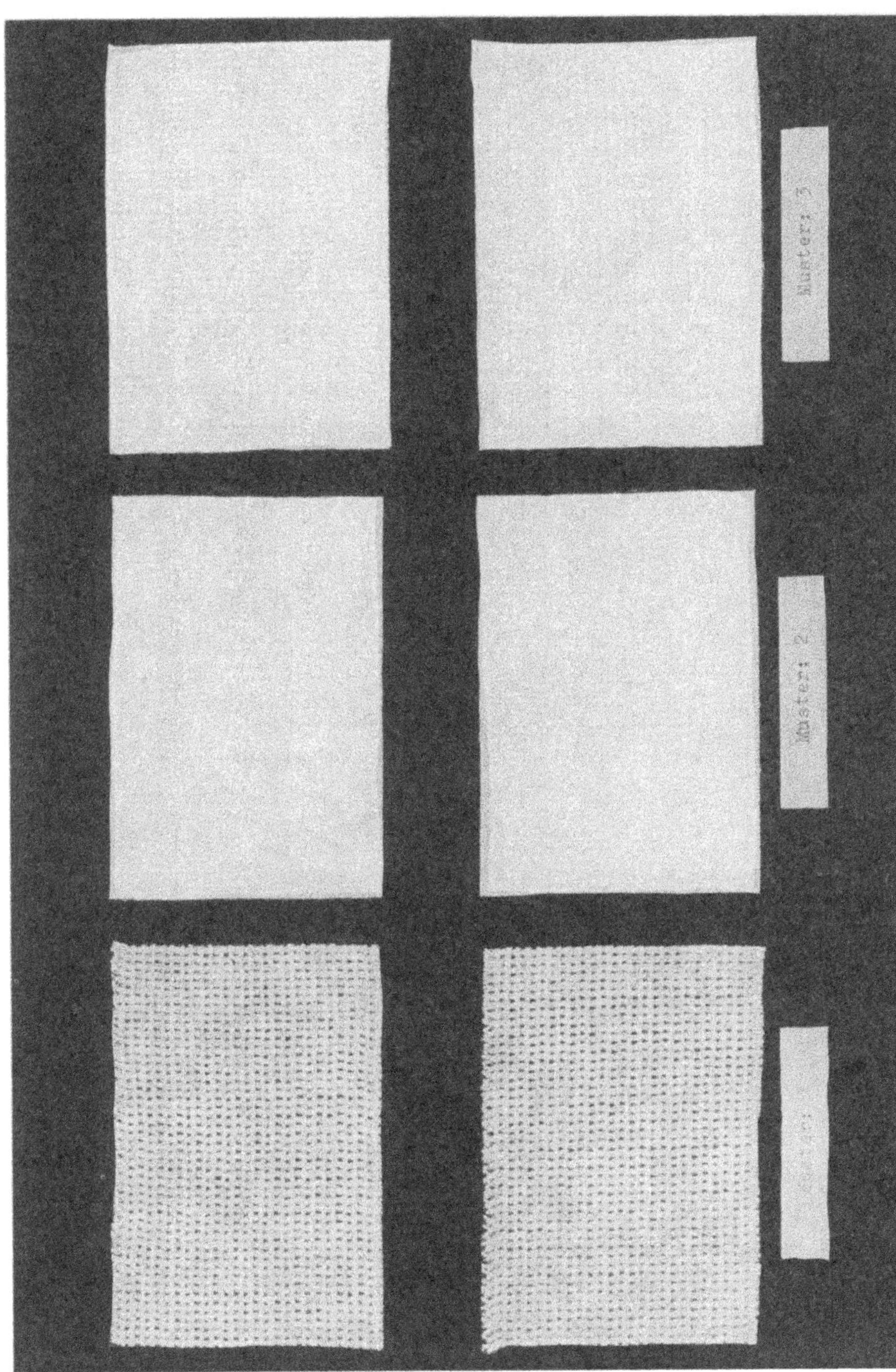

Abb. 1

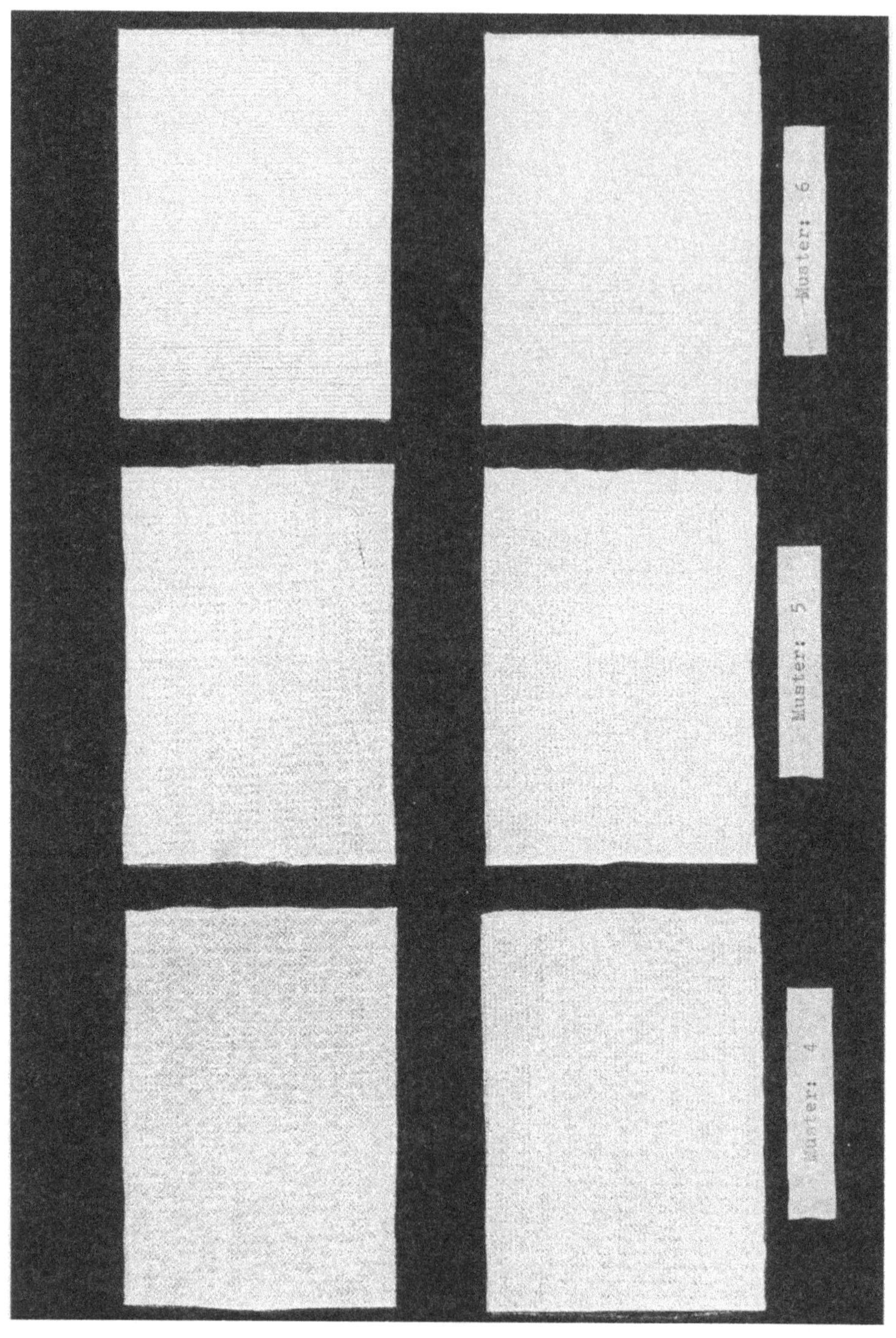

Abb. 2

4 Legeschienen zu grob war, was durch das Auftreten häufiger Fadenbrüche besonders bei den Baumwollgarnen zum Ausdruck kam. Für einen größeren Versuch mit gleicher oder ähnlicher Maschenlegung und entsprechenden Garnen war der Einsatz einer Maschine mit feinerer Teilung notwendig.

3.2 Hauptversuche

Die Firma LIBA Maschinenfabrik GmbH, Werk Bleckede, war bereit, uns eine moderne Raschelmaschine mit feinerer Teilung für weitere Versuche zur Verfügung zu stellen.

3.2.1 Versuch 4

Dieser Versuch wurde auf einer Raschel mit 40 Nadeln je 2 Zoll engl. (ca. 8 N/cm) und 3 m Arbeitsbreite durchgeführt. Nach den Erfahrungen der LIBA kamen zur Maschenbildung in L 1 Baumwollgarn Nm 60 (17 tex) und in L 4 Baumwollgarn Nm 40 (25 tex) zum Einsatz. Für den Leinenanteil in L 2 und L 3 verwendeten wir unter Berücksichtigung der feinen Nadelteilung Flachsgarn Nm 18 (56 tex), ½-gebleicht. Die Maschineneinstellung ist dem Arbeitsplan 4 zu entnehmen. Danach erfolgt die Maschenlegung in L 1 als versetzte Franse. Die Schienen L 2 und L 3 führen Stehschüsse ohne Verlegung, L 4 Schuß über 3 Nadeln ein. Gearbeitet wurde mit 20 Maschen je cm. Die Einarbeitungen wurden in den Schienen L 1 bis L 4 – mit 6,0 – 1,0 – 1,0 und 5,0 festgestellt. Das errechnete Flächengewicht, das mit dem tatsächlichen gut übereinstimmte, betrug 228 g/m² bei Anteilen von 66% Baumwolle und 34% Leinen.
Die Baumwollgarne für diesen Versuch waren vor Anfertigung der Ketten auf Copsen gedämpft worden, und die Leinengarne wurden auf den in der Webereivorbereitung üblichen mechanischen Reinigern von Dickstellen befreit.
Der Ausfall dieses Versuches war enttäuschend. Die unerwartet hohe Zahl der Fadenbrüche machte ein Abarbeiten der Ketten praktisch unmöglich. Besonders das in L 4 eingezogene Baumwollgarn Nm 40 (25 tex) wurde in den Lochnadeln stark aufgerauht und die dabei entstandenen Faserflusen führten schon nach wenigen Umläufen der Raschelmaschine zu Fadenbrüchen und damit zu Stillständen der Maschine und Fehlern in der Ware. Der Versuch mußte deshalb abgebrochen werden.
Da die Leinengarne sich bei diesem Versuch in ihren Laufeigenschaften als günstig erwiesen, wurde, um dieses Verhalten in einem längeren Probelauf beobachten zu können, das Baumwollgarn in Legeschiene 4 gegen ein vorhandenes Diolengarn Nm 200 (5 tex) ausgewechselt.
Die Maschineneinstellung und damit die Einarbeitungen blieben unverändert. Das Gewicht der rohen Maschenware ergab sich zu 162 g/m² bei 42% Baumwoll-, 48% Leinen- und 10% Diolenanteilen.
Muster 4 in Abb. 2 zeigt das Aussehen der beiden Seiten, das einen guten und geschlossenen Eindruck macht. Das Abarbeiten bereitete keinerlei Schwierigkeiten, und besonders auch die Leinengarne verursachten kaum Stillstände. Bei dem Versuch konnte die Leistung der Raschelmaschine bis über 700 U/min gesteigert werden, was bei Ausnützung der vollen Arbeitsbreite von 3 m und einer Verringerung der Maschenzahl auf 14 je cm einer theoretischen Ablieferung von etwa 80–90 m²/Std. entspricht.
Trotz dieser guten Erfahrungen mit dem Einsatz von Synthetiks in einem der Garnsysteme, wurde die Untersuchung auf dieser Basis nicht weitergeführt, weil sie außerhalb der Versuchsplanung lag.

Arbeitsplan 4

Universalraschel 40 g g

Versuch: 4	Legeschiene			
	1	2	3	4
Garnsorte Nm (tex) Maschen/cm	Baumwollgarn 60 (17) 20	Flachsgarn 18 (56) 20	Flachsgarn 18 (56) 20	Baumwollgarn 40 (25) 20
Bezeichnung Legung	versetzte Franse 2 0 / 0 2 2 0 / 2 4 4 2 / 2 4	Stehschuß 0 0 / 0 0	Stehschuß 0 0 / 0 0	Schuß 0 0 / 6 6
Legungsbild				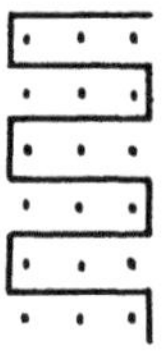
Warengewicht	228 g/m²			
Materialanteil	Leinen 34%: Baumwolle 66%			

Für diesen Versuch wurden ausgewählt:
L 1: Baumwollzwirn Nm 100/2 (10 tex × 2) roh; L 2: Flachsgarn Nm 18 (56 tex) ½-weiß; L 3: Flachsgarn Nm 18 (56 tex) ½-weiß; L 4: Baumwollgarn Nm 50 (20 tex) roh.

3.2.2 Versuch 5

Die Erfahrungen, welche bei Versuch 4 gesammelt wurden, ergaben folgende Entscheidungen für die Weiterführung der Arbeiten: Die Teilung von 40 Nadeln je 2 Zoll engl. der eingesetzten Raschel war für die Garnnummern, die im Vergleich zu den in der Halbleinenweberei gebräuchlichen ohnehin hoch lagen, zu fein. LIBA stellte deshalb für eine weitere Versuchsserie eine Maschine mit 2 m Arbeitsbreite und einer Teilung von 36 Nadeln je 2 Zoll engl. (ca. 7 N/cm) bereit, bei der zur Führung der Leinenfäden Spezial-Lochnadeln verwendet wurden, die in ihrer Formgebung für das Durchlaufen der unvermeidlichen Dickstellen günstigere Voraussetzungen schaffen.

Die Baumwollgarne wurden im Zwirn- bzw. Garncops gedämpft, um die Drehung zu fixieren. Außerdem durchliefen alle Garne beim Umspulen auf Kreuzspulen eine Paraffiniereinrichtung der Firma W. Schlafhorst & Co., Mönchengladbach, zur Herabsetzung der Reibwerte[5], um auf diese Weise die Beanspruchung der Garne beim Durchlaufen der Lochnadeln herabzusetzen.
Einstellung und Arbeitsweise der Raschelmaschine für diese Versuche einmal mit versetzter Fransenlegung (5a), das andere Mal mit Trikotlegung (5b) in L 1 sind aus dem Arbeitsplan 5 zu entnehmen. Die Einarbeitungen wurden für L 1 mit 5,9, für L 2 mit 1,1, für L 3 mit 1,0 und für L 4 mit 3,8 bei Fransenlegung in L 1 gemessen. Bei Trikotbindung erhöhte sich die Einarbeitung für L 1 auf 7,3.
Die Flächengewichte der Rohware betragen bei Fransenlegung in L 1 215 g/m² mit einem Leinenanteil von 39% und bei Trikotlegung 240 g/m² mit 35% Leinen. Um einen höheren Leinenanteil zu erreichen, könnte ohne Bedenken in L 2 und L 3 Leinengarn Nm 15 (48 tex) verwendet werden. Die dann höheren Warengewichte von 245 und 270 g/m² würden 40 bzw. 36% Leinenanteil haben.
Die Laufeigenschaften aller drei verwendeten Garne waren zufriedenstellend. Die Raschelmaschine wurde während eines längeren Probelaufes mit 700 U/min und 14 Maschen je 1 cm betrieben. Auf eine Ablieferlänge von 10 m wurde ein Fadenbruch in L 1 sowie je zwei Brüche in L 2 und L 3 beobachtet. Die Stundenleistung der Probemaschine erreichte 60 m², was bei einer Maschine mit der normalen Arbeitsbreite von 3 m 90 m²/Std. ergeben würde. Der Leistungsverlust durch Stillstände zur Behebung der Fadenbrüche hätte durch eine entsprechende Steigerung der Umdrehungszahl ausgeglichen werden können.
In Abb. 2 zeigt Muster 5 wiederum von beiden Seiten die ausgerüstete Ware mit Fransenlegung, Muster 6 die mit Trikotlegung. Beide Waren haben ein gutes geschlossenes Aussehen und vollkommen befriedigende Formstabilität. Der Fadenverlegung beim Wirken entsprechend, treten auf der einen Seite des Gewirkes die für die Maschenbildung verwendeten Baumwollfäden stärker in Erscheinung, während auf der anderen Seite die als Schuß eingelegten Leinenfäden hervortreten. Diese Unterschiede im Oberflächencharakter sind bei Fransenlegung weniger ausgeprägt als bei Trikotbindung.
Für den Versuch 5 ist für das maschenbildende Baumwollgarn in L 1 eine höhere Qualität, d. h. Zwirn statt Garn, und für den Baumwollschuß in L 4 eine höhere Garnnummer gewählt worden. Zudem wurden, wie beschrieben, alle Garne mit besserer Sorgfalt und unter Anwendung einer Spezialpräparation vorbereitet. Die dabei in Kauf zu nehmenden Kosten erscheinen angesichts der damit erreichten Maschinenleistung vertretbar.
Mit diesem Großversuch, bei dem etwa 200 m Maschenware abgearbeitet wurde, fanden die Untersuchungen über den Einsatz von Leinengarnen als glatte Fäden im Stehschuß der Wirkware ihren Abschluß. Sie haben gezeigt, daß bei zweckvoller Auswahl und Vorbereitung der Garne, entsprechender Konstruktion der Maschinen (Tei-

[5] Schlafhorst gibt als durchschnittliche Ergebnisse von Reibwertuntersuchungen folgende Übersicht:

Garnsorte	Reibwert ohne Paraffin	Reibwert mit Paraffin	Verminderung des Reibwertes in %
Flachswerggarn	0,245	0,114	55
Flachsgarn	0,274	0,128	53
Baumwollgarn	0,260	0,140	46

Arbeitsplan 5

Universalraschel 36 g g

	Legeschiene 1	2	3	4
Garnsorte	Baumwoll- zwirn	Flachsgarn	Flachsgarn	Baumwollgarn
Nm (tex)	100/2 (10×2)	18 (56)	18 (56)	50 (20)
Maschen/cm	14	14	14	14
Versuch: 5a				
Bezeichnung	versetzte Franse	Schuß	Stehschuß	Schuß
Legung	2 0 / 0 2 2 0 / 2 4 4 2 / 2 4	0 0 / 2 2	0 0 / 0 0	0 0 / 6 6
Legungsbild		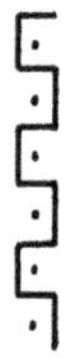		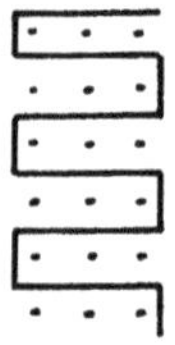
Warengewicht	215 g/m²			
Materialanteil	Leinen 39%: Baumwolle 61%			
Versuch: 5b				
Bezeichnung	Trikot	wie Versuch 5a	wie Versuch 5a	wie Versuch 5a
Legung	2 4 / 2 0			
Legungsbild		wie Versuch 5a	wie Versuch 5a	wie Versuch 5a
Warengewicht	240 g/m²			
Materialanteil	Leinen 35%: Baumwolle 65%			

lung, Lochnadelform usw.) und richtiger Legetechnik bzw. Einstellung der Arbeitselemente die Herstellung von Maschenwaren auf Halbleinenbasis mit beachtlichen Stundenleistungen erreichbar ist.
Bei den bisher beschriebenen Versuchen sind Leinengarne nur als Steh- oder Legeschuß verarbeitet worden. Diese Art der Legung stellt verhältnismäßig geringe Ansprüche an das Fadenmaterial, verglichen mit den wechselnden Zugbelastungen, die bei der Maschenbildung auftreten. Die Beobachtungen der Lochnadel-Bewegungen bei den verschiedenen Maschineneinstellungen ließen aber erkennen, daß besonders das für die glatte Einarbeitung als Stehschuß eingesetzte Garn als Folge der geringen Einarbeitung einer höheren Scheuerbeanspruchung ausgesetzt ist als die zur Maschenbildung verwendeten Fäden, die infolge ihrer stärkeren Einarbeitung den Bereich der Scheuerung durch die Ösen der Lochnadeln schneller passieren.
Da die bisher durchgeführten Versuche auch gezeigt hatten, daß die gegen Scheuerung besonders empfindlichen Leinengarne der diesbezüglich hohen Beanspruchung bei der Verarbeitung zu Stehschuß gewachsen waren, galten die weiteren Versuche Beobachtungen ihres Verhaltens beim Einsatz zur Maschenbildung. Es war zu überprüfen, ob sie trotz ihrer im Vergleich zu anderen Garnen aus Baumwolle oder Synthetiks höheren Ungleichmäßigkeit und Steifheit unter Ausnützung ihrer höheren Festigkeit den Anforderungen gewachsen sind, die beim Umlegen des Fadens um die Hakennadeln und dem darauffolgenden Durchziehen durch die so gebildete Schlinge an das verarbeitete Material gestellt werden.
Die dafür eingesetzten Leinengarne sollten dem gängigen Nummernbereich nicht über Nm 15 (68 tex) – Nm 21 (48 tex) entnommen werden. Als Folge der hohen Einarbeitung bei der Maschenlegung waren Flächengewichte unter 300 g/m² kaum zu erwarten. Mit diesen Gewichten würden derartige Gewirke auf dem Sektor der Handtuchherstellung Verwendung finden können. Hier allerdings scheint ihr Einsatz zur Maschenbildung in Kombination mit geringeren Leinengarnen im Stehschuß und Baumwollgarnen im Legeschuß in Anbetracht der erzielbaren hohen Flächenleistungen beim Einsatz breiter Raschelmaschinen durchaus erfolgversprechend.

3.2.3 Versuch 6

Dieser Versuch wurde auf der unter 3.5 beschriebenen Raschelmaschine mit der Teilung von 36 Nadeln je 2 Zoll engl. durchgeführt. In Arbeitsplan 6 sind die Angaben über Garneinsatz und Maschineneinstellung wiedergegeben.
Die Einarbeitungen wurden für L 1 mit 5,1, L 2 mit 1,0 und L 3 mit 4,4 gemessen. Das errechnete und das gewogene Rohwarengewicht betrug 300 g/m² mit Anteilen von 80% Leinen und 20% Baumwolle.
In Abb. 3 ist in Muster 7 dieses Gewirk wiederum von beiden Seiten in ausgerüstetem Zustand wiedergegeben. Das Aussehen der Oberfläche ist glatt und geschlossen und der Griff kernig und voll.
Für die Maschenbildung durch L 1 und für den Stehschuß in L 2 wurde Flachsgarn Nm 18 (56 tex) eingesetzt, im System L 3 Baumwollgarn Nm 50 (20 tex) als Legeschuß über 3 Nadeln. Alle Garne waren wie unter 3.5 angegeben, vorbereitet worden.
Bei der Maschenzahl von 9 je 1 cm und einer eingehaltenen Maschinendrehzahl von 720 U/min ergab sich eine Leistung der 2 m breiten Versuchsmaschine von 96 m²/Std. Eine Raschelmaschine mit normaler Arbeitsbreite von 3 m würde somit eine Solleistung von etwa 144 m²/Std. erreichen.
Die gefertigte Maschenware ist für den Einsatz auf dem Handtuchsektor gut geeignet. Dieser Verwendung kommt entgegen, daß auf der normal breiten Raschelmaschine die

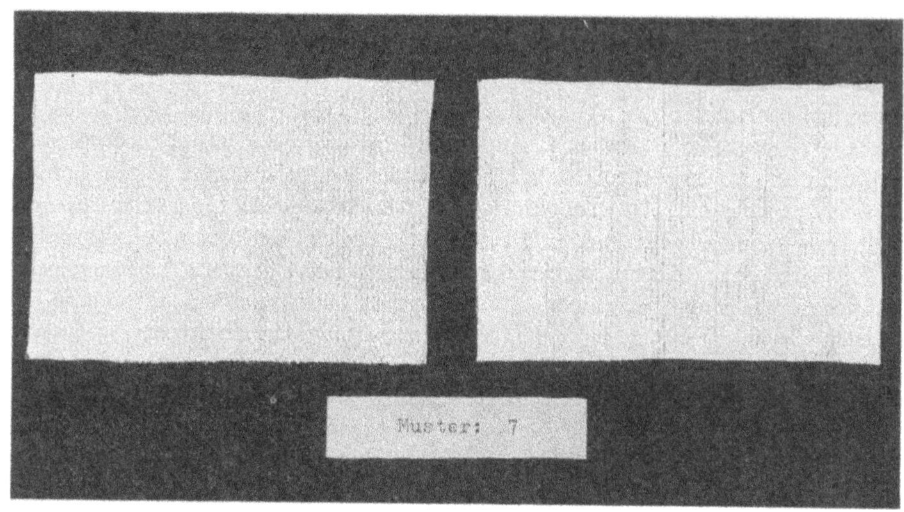

Abb. 3

Arbeitsplan 6

Universalraschel 36 g g

Versuch: 6	Legeschiene			
	1	2	3	4
Garnsorte Nm (tex) Maschen	Flachsgarn 18 (56) 9	Flachsgarn 18 (56) 9	Baumwollgarn 50 (20) 9	–
Bezeichnung Legung	Trikot 2 4 / 2 0	Stehschuß 0 0 / 0 0	Schuß 0 0 / 6 6	–
Legungsbild				–
Warengewicht	300 g/m²			
Materialanteil	Leinen 80%: Baumwolle 20%			

Arbeitsbreite von 3 m in Bahnen unterteilt werden kann, wobei sich für jede Bahn die Maschenlegung an den Rändern so einstellen läßt, daß beidseitig abgebundene Kanten entstehen.

Das Ergebnis des Versuchs 6 kann als Nachweis gelten, daß der Einsatz von Leinengarnen in der Wirkerei auch zu den für die eigentliche Maschenbildung bestimmten Fadensystemen bei Auswahl geeigneter Garne mit ausreichender Vorbereitung einwandfrei möglich ist.

3.3 Einsatz von Leinengarnen mit Diolen-Kern

In der Versuchsplanung war vorgesehen zu prüfen, ob das durch frühere Untersuchungen festgestellte erhöhte Arbeitsvermögen von Leinengarnen mit Diolen-Kern (s. S. 7) in der Wirkerei ausgenutzt werden kann. Zu diesem Zweck wurde ein Flachsgarn Nm 21 (48 tex) mit einem Diolen-Kern von 10% Gewichtsanteil in einem Dreifadensystem als versetzte Franse und als Stehschuß mit einem Baumwollgarn Nm 40 (25 tex) als Legeschuß bei 9 Maschen je 1 cm zu einer Halbleinenwirkware mit 285 g/m² Flächengewicht verarbeitet.

Ein befriedigender Effekt dieses Spezialgarneinsatzes blieb aus. Beobachtungen ergaben gegenüber der Verarbeitung eines normalen Leinengarns zwar eine Tendenz zur Verringerung der Fadenbruchhäufigkeit, offenbar infolge der höheren Dehnungsfähigkeit des Gespinstes. Demgegenüber war nachteilig zu vermerken, daß das Kerngarn gegen die auftretenden Reibungsbeanspruchungen in den Lochnadeln sowie beim Legen und Zusammenziehen der Maschen insofern empfindlicher ist, als die obere Schicht der Flachsfasern zur Seite geschoben und der Kernfaden bloßgelegt wird. Dadurch entstanden Fehler im Warenbild.

Es scheint, daß die Technik in der Herstellung kerngesponnener Leinengarne für ihren Einsatz noch nicht praxisreif ist.

4. Nach- und Waschbehandlung

Die aus rohen Baumwollgarnen und ½-weiß gebleichten Leinengarnen gefertigten Versuchsgewirke wurden einer Nachbleiche und Ausrüstung unterworfen. Da für die Nachbehandlung von Maschenwaren mit Leinengarnen bei den Betrieben, die auf die Veredlung von Wirkwaren eingestellt sind, keine Erfahrungen vorlagen, wurden die Gewirke einem Leinenbleichbetrieb übergeben. Hier fehlten wiederum die Erfahrungen für die Behandlung von Maschenwaren. Somit muß dahingestellt bleiben, ob sie im Hinblick auf die Krumpfeigenschaften der ausgerüsteten Ware auf Anhieb zweckmäßig erfolgt ist. Die für die Veränderung der Warenlänge und Warenbreite im Veredlungsbetrieb zu nennenden Zahlen müssen demnach mit den Abmessungsänderungen beim Waschen im Gebrauch gemeinsam betrachtet werden.

Die Waren wurden einheitlich einer Bleiche mit Natriumchlorit und Wasserstoffsuperoxyd unterworfen, anschließend getrocknet, eingesprengt, gemangelt (auf der Kastenmangel) und kalandert.

Die Gewirke aus den Versuchsreihen 5a, 5b und 6, die sich auf Grund ihrer Flächengewichte und ihrer Struktur zum Einsatz als Gebrauchswäsche (mit 215–240 g/m² als Bettlaken bzw. mit 300 g/m² Rohgewicht als Handtuch) eigneten, wurden auf ihr Krumpfverhalten bei der Nachbehandlung und auch bei wiederholten Wäschen gemäß DIN 53892 untersucht.

Die Einsprünge durch die Bleiche und Nachbehandlung ergaben sich in Prozent der Abmessungen im Rohzustand wie folgt:

Versuch Nr. 5a	Länge — 1,0%	Breite — 3,5%
Versuch Nr. 5b	Länge — 1,9%	Breite — 6,0%
Versuch Nr. 6	Länge ± 0	Breite — 5,1%

Bei durchschnittlich um 1% liegenden Längenminderungen ergaben sich Breiteneinsprünge in der Größenordnung von 5% im Mittel.
Die bei zehn nacheinander vorgenommenen Wäschen eingetretenen Veränderungen der Längs- und Querabmessungen sind in Abb. 4 für die drei Gewirke 5a, 5b und 6 graphisch dargestellt. Während in der Breite bei den Gewirken aus den Versuchen 5a und 5b durch die Waschbehandlung praktisch keine Veränderungen eintraten, waren bei dem Gewirk aus Versuch 6 Zunahmen bis zu 10% festzustellen (s. Abb. 4).

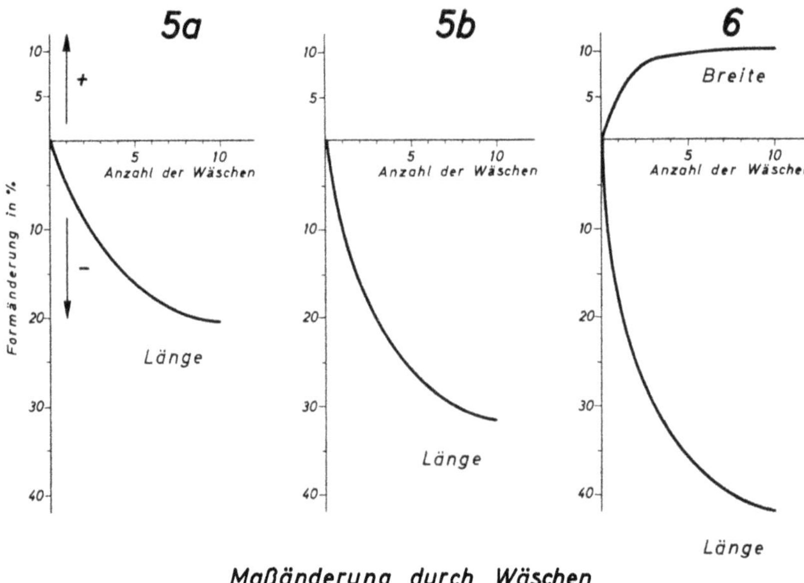

Abb. 4

Die Dimensionsänderungen in Längsrichtung sind unerwartet hoch. Es traten starke Verkürzungen auf, für deren Ausmaß die Maschenlegung ebenso wie das verwendete Garnmaterial bestimmend zu sein scheinen. Bei Versuch 5a mit Baumwollzwirn Nm 100/2 (10 tex × 2) und versetzter Franse wurde nach zehn Wäschen[6] ein Einsprung um 24%, bei Versuch 5b mit Maschenlegung als Trikot und dem gleichen Zwirn um 31% festgestellt. Demnach ist der Unterschied in der Längenänderung offenbar auf die Maschenform zurückzuführen. Bei Versuch 6 wiederum steigt der Krumpfverlust bei Trikotlegung auf 43% an. Das für die Maschen verwendete Garnmaterial (Leinen) scheint hier für den höheren Einsprung verantwortlich zu sein. Zu diesem höheren Krumpfverlust bei dem Gewirk in der Längsrichtung gehört allerdings – daran sei erinnert – die bedeutsame Zunahme der Warenbreite durch die Wäschen.
Die Ergebnisse der Krumpfprüfungen an den verschieden hergestellten Gewirken stellen zweifellos zunächst ein beträchtliches Handicap für das Gesamtergebnis dar. Im Rahmen des aufgestellten Planes, die Verarbeitungsfähigkeit von Leinengarnen in der Wirkerei zu testen, bestand keine Möglichkeit, die Ursachen und die Streuung des festgestellten Krumpfverhaltens zu untersuchen, sowie ein optimales Nachbehandlungsverfahren für Waren dieser Art zu entwickeln. Die zwischen den Gewirken 5a, 5b und

[6] Nach der zehnten Wäsche wurde die Untersuchung des Krumpfverhaltens abgebrochen, da nach dieser Zahl von Wäschen die Größenordnung der eintretenden Längen- und Breitenänderungen für den Zweck dieser Arbeit ausreichend erfaßt worden war.

6 mit verschiedener Maschenlegung und unterschiedlichen Garnen gefundenen Differenzen können Hinweise für eine zweckentsprechende Einflußnahme auf das Krumpfverhalten bieten.
Immerhin wird mit einem größeren Einsprung im Vergleich zu Webwaren gerechnet werden müssen und damit mit einer Beeinflussung des Warengewichtes. Dies bedingt den Einsatz noch höherer Garnnummern, die bereits im durchgeführten Versuch gegenüber vergleichbaren Webwaren hoch gewählt werden mußten. Alle diese Verhältnisse bedürfen weiterer planmäßiger Untersuchungen in ausreichend großem Rahmen, um die positiven Feststellungen der durch diesen Bericht abgeschlossenen Arbeit über die Einsatzmöglichkeit von Leinengarnen im Wirkverfahren der praktischen Nutzanwendung zuzuführen.

5. Aussichten des Wirkverfahrens für die Verarbeitung von Leinengarnen

Bei den durchgeführten Untersuchungen über die kombinierte Verarbeitung von Leinen- und Baumwollgarnen zu Maschenwaren waren trotz der selbstverständlich im voraus angestellten Überlegungen unvermeidliche Improvisationen in Kauf zu nehmen. Sie bezogen sich vor allem auf die jeweils verfügbaren, nicht immer auf das Versuchsziel abgestimmten Einrichtungen und Versuchsmaschinen. So stellen die vorliegenden Resultate keineswegs das dar, was im praktischen sachverständig vorgeplanten Betrieb tatsächlich erreichbar ist.
Dennoch haben die Endversuche 5 und 6 sowohl beim glatten Einlegen der Leinengarne als Stehschuß als auch bei ihrer Verwendung zur Maschenbildung den Beweis erbracht, daß unter bestimmten Voraussetzungen (Garnauswahl, Garnvorbereitung, Gestaltung der Arbeitselemente und Warenkonstruktion) formstabile und maschenfeste Wirkwaren bei zufriedenstellenden Laufeigenschaften der Garne erzeugt werden können.

Die bei der Herstellung von Gewirken aus Leinen- und Baumwollgarnen erzielten Leistungen, errechnet aus Maschinendrehzahl und Maschenzahl, ergeben sich zu 90–140 m^2/Std. Selbst wenn wir zunächst Flächenverluste durch Krumpfen in der Größenordnung von rd. 25–35% im Rahmen dieses Berichts und für die Leistungsbetrachtung ohne Widerspruch hinnehmen, verbleibt die Stundenleistung von 75 bis 95 m^2/Std., gemindert durch den Maschinenwirkungsgrad, der nicht niedriger angenommen zu werden braucht als beim Weben. Dem steht eine durchschnittliche Webmaschinenleistung ohne Berücksichtigung des Webwirkungsgrades von 6 m^2/Std. bei einem Krumpfeinsprung durch Nachbehandlung und Wäsche von rd. 20% gegenüber, also eine Leistung von rd. 5 m^2/Std. bezogen auf die gekrumpfte Ware.
Weiterhin positiv fällt ins Gewicht der völlige Wegfall der Kettschlichterei und des Schußspulens.
Aber auch ohne Berücksichtigung dieser gravierenden Entlastung der Vorbereitung errechnet sich, bezogen auf gleiche Quadratmeterproduktion, die Größenordnung der erzielbaren Kosteneinsparungen wie folgt: Maschineninvestitionen 75%; Kraftbedarf 80% und Raumbedarf 90%. Unter Berücksichtigung der wegfallenden Arbeitsgänge in der Vorbereitung ist auch mit einer ins Gewicht fallenden Verringerung des Bedienungsaufwandes zu rechnen.

Nachteilig für die Wirkmaschine ist ihre durch die gegebene Nadelteilung verursachte Beschränkung auf eine festgelegte Warendichte zu erwähnen.
Um eine derart ausgeprägte Leistungssteigerung nebst der damit verbundenen eminenten Senkung der betrieblichen Kosten durch das Wirkverfahren zu erreichen, ist der Einsatz von Garnfeinheiten erforderlich, die über denen normaler Webgarne liegen. Damit ergibt sich beim Wirken ein entsprechend höherer Kostenanteil für den Rohstoffaufwand. Angestellte Rechnungen ergaben notwendige Kostensteigerungen für den Garneinsatz in einer Größenordnung von 20–30%.
Offen bleibt bei Abschluß der hier beschriebenen Versuchsreihen die Frage des Krumpfverhaltens gewirkter Gebrauchswaren aus Leinen- und Baumwollgarn und seine Beherrschung durch eine zweckentsprechende Nachbehandlungstechnik.

6. Zusammenfassung

Leinengarne sind ihrer geringen Dehnung und ihrer relativ großen Ungleichmäßigkeit halber zur Herstellung von Maschenwaren bisher nicht verwendet worden. Die hohen Maschinenleistungen der Wirkerei ließen eine Untersuchung wünschenswert erscheinen, unter welchen Bedingungen (Garnauswahl und -vorbereitung, Wirktechnik) ihr Einsatz zur Herstellung von Wirkwaren etwa auf Halbleinenbasis technisch und wirtschaftlich möglich ist.
Es wurden Versuche mit Leinen- und Baumwollgarnen auf Raschelmaschinen verschiedener Nadelteilung und unter Einsatz von zwei, drei und vier Fadensystemen durchgeführt. Die systematische Auswertung der schrittweise erarbeiteten Ergebnisse dieser Versuchsreihen führte zur Lösung der gestellten Aufgabe. Bei geeigneter Nadelteilung, veränderter, den Leinengarnen angepaßter Gestaltung der Lochnadeln, Verwendung von Leinen- und Baumwollgarnen entsprechender Feinheit und Qualität, die vor ihrer Verarbeitung gereinigt und paraffiniert wurden, konnten Gewirke hergestellt werden, die in Aussehen, Formstabilität und Flächengewicht gewebten Haushaltswaren (Bett- und Handtücher) gleichzustellen waren.
Die drei auf der Raschelmaschine erzielten stündlichen Flächenleistungen betrugen auch unter Berücksichtigung der beim Veredeln und Waschen eintretenden Krumpfverluste das etwa 14–18fache der von einer modernen Webmaschine erzeugten Warenmenge vergleichbarer Qualität. Dabei ist zu berücksichtigen, daß ein großer Teil der Vorbereitung (Schlichterei, Schußspulerei) in Wegfall kommt. Den erreichbaren hohen betrieblichen Kostensenkungen steht eine Erhöhung der Kosten für den Garneinsatz in der Größenordnung von 20–30%, verursacht durch die erforderliche Verwendung feinerer und qualitativ höherer Garne, gegenüber.
Durch die in diesem Bericht beschriebenen Versuchsreihen konnte die Frage einer ausreichenden Beherrschung des Krumpfverhaltens der Maschenwaren aus Leinen- und Baumwollgarnen – hoher Einsprung in Längsrichtung – nicht ausreichend geklärt werden.
Meinem Kollegen Text.-Ing. Heim danke ich für die Unterstützung bei den Versuchen und bei der Gestaltung des Berichtes.

Forschungsberichte des Landes Nordrhein-Westfalen

Herausgegeben im Auftrage des Ministerpräsidenten Heinz Kühn
von Staatssekretär Professor Dr. h. c. Dr. E. h. Leo Brandt

Sachgruppenverzeichnis

Acetylen · Schweißtechnik

Acetylene · Welding gracitice
Acétylène · Technique du soudage
Acetileno · Técnica de la soldadura
Ацетилен и техника сварки

Arbeitswissenschaft

Labor science
Science du travail
Trabajo científico
Вопросы трудового процесса

Bau · Steine · Erden

Constructure · Construction material · Soil research
Construction · Matériaux de construction · Recherche souterraine
La construcción · Materiales de construcción
Reconocimiento del suelo
Строительство и строительные материалы

Bergbau

Mining
Exploitation des mines
Minería
Горное дело

Biologie

Biology
Biologie
Biologia
Биология

Chemie

Chemistry
Chimie
Quimica
Химия

Druck · Farbe · Papier · Photographie

Printing · Color · Paper · Photography
Imprimerie · Couleur · Papier · Photographie
Artes gráficas · Color · Papel · Fotografía
Типография · Краски · Бумага · Фотография

Eisenverarbeitende Industrie

Metal working industry
Industrie du fer
Industria del hierro
Металлообработывающая промышленность

Elektrotechnik · Optik

Electrotechnology · Optics
Electrotechnique · Optique
Electrotécnica · Optica
Электротехника и оптика

Energiewirtschaft

Power economy
Energie
Energía
Энергетическое хозяиство

Fahrzeugbau · Gasmotoren

Vehicle construction · Engines
Construction de véhicules · Moteurs
Construcción de vehículos · Motores
Производство транспортных · Средств

Fertigung

Fabrication
Fabrication
Fabricación
Производство

Funktechnik · Astronomie

Radio engineering · Astronomy
Radiotechnique Astronomie
Radiotécnica · Astronomía
Радиотехника и астрономия

Westdeutscher Verlag · Köln und Opladen

567 Opladen/Rhld., Ophovener Straße 1–3, Postfach 1620

www.ingramcontent.com/pod-product-compliance
Ingram Content Group UK Ltd.
Pitfield, Milton Keynes, MK11 3LW, UK
UKHW061701190726
13853UKWH00008B/2331
9783663062769